はじめまして

❷015年3月、ナカタ家で初めてうさぎと暮らすことになりました。次女あーちゃんの12歳の誕生日と中学校進学のお祝いに、「動物がほしい」という、かねてからの彼女の希望を叶えてあげたわけです。なぜ、うさぎだったのか？ あーちゃんは、はじめは豆柴などの子犬がご希望だったようですが、長女のさっちゃんは幼いときに激しく吠えられたことがトラウマになって犬は嫌い。かたや「犬がイイ」、かたや「犬はイヤ」。「どうやって折り合いをつけるのか、姉妹でよく話し合いなさい」とした結果、「うさぎになりました」となったのです。

　こうして、オレンジ色をしたネザーランドドワーフの生後4カ月の女の子をナカタ家に迎え入れることになりました。あーちゃんに「名前は？」と聞くと、「もう考えてある。くるみ」と言います。ナカタ家に三女ができたつもりでくるみを迎えましたが、なにしろうさぎは初めてのこと。専門店の人から話を聞き、本も数冊読みながら、手探りでくるみとの共生生活が始まりました。うさぎがイヤがること、喜ぶこと。よく食べるもの、よく遊ぶおもちゃ、お気に入りの場所。少しずつ少しずつ心を通わせながら約10年、ようやくくるみもナカタ家の一員となったのです。

　うさぎにもさまざまな種類や性格、嗜好があり、本書で書いたことがすべてのうさぎに当てはまるわけではありません。また、本書は共生法を指南するうさぎの専門書でもありません。あくまでうさぎと暮らしたときの〝ナカタ家の場合〟を一例として紹介するものですが、うさぎとの生活は、とってもしあわせ――そんな楽しい雰囲気が皆さまに伝わればいいなと思っています。

2024年9月　ナカタ家パパ

ナカタ家の紹介

あーちゃんです。つらいとき、悲しいとき、疲れたとき、いつもくるみが私のそばにいてくれます。初めてくるみを見たとき、「この子だ！」ってピピっときました。くるみと出会えて本当によかった〜！

パパです。仕事部屋で仕事して、疲れるとリビングでくるみをなでながら癒やされています。病院や爪切りに行くときは運転手、薬をあげるときはくるみを押さえる保定係ですが、基本はなでなで係です（笑）。

ママです。くるみのお世話全般をしています。家事の合間にくるみを見ると、ゴロ〜ンとくつろいでいる。その風景に平和でおだやかな毎日のしあわせを感じています。ず〜っと元気で一緒にいようね〜♥

ばばです。昔は田舎の実家に犬や猫、ニワトリ、牛、もちろん、うさぎもいましたよ。なんでもいたわね。でも、うさぎなんて久しぶり。やっぱり、かわいいわぁ。おやつ係は、ばばにまかせてちょうだい。

※ナカタ家には長女のさっちゃんもいますが、嫁にいきました〜。

もくじ

- 002 　はじめまして
- 003 　ナカタ家の紹介
- 006 　くるみ＆ナカタ家 HISTORY
- 008 　ナカタ家うさぎ用語集
- 012 　ようこそナカタ家へ
- 020 　行動スペースづくり
- 028 　くるみのごはんですよ
- 036 　くるみのうんこちゃん
- 042 　くるみの癒やし力
- 048 　くるみのおもちゃ
- 064 　リラックスた～いむ
- 080 　毛布が好きっ！
- 084 　毛が生え替わる換毛期
- 090 　病気は早期発見！
- 098 　くるみ写真館
- 126 　くるみが家族になった

017 『いつもそばにね』の巻
025 『もふもふあんよ』の巻
033 『こまつな好きよ』の巻
039 『おなかにピョン』の巻
047 『みんなネムネム』の巻

053 『おもちゃだよ！』の巻
059 『モサモサしてる』の巻
069 『なでてよ〜♪』の巻
071 『ツンデレちゃん』の巻
073 『なでなでスヤスヤ』の巻
077 『ちゃんとして！』の巻
079 『アブな〜い！』の巻
083 『毛布大好き』の巻
087 『かんも〜き！』の巻
093 『心を鬼にして』の巻
097 『もうわかったよ』の巻
111 『においクンクン』の巻
117 『ありがとうネ』の巻
123 『いい子だね！』の巻
127 『あれから10年』の巻

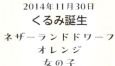

くるみ&ナカタ家 HISTORY

2014年11月30日
くるみ誕生

ネザーランドドワーフ
オレンジ
女の子

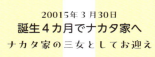

くるみキター

1
20015年3月30日
誕生4カ月でナカタ家へ

ナカタ家の三女としてお迎え

次女あーちゃんが中学生になる

2
2016年
くるみ2歳

3
2017年
くるみ3歳

長女さっちゃんが成人する

4
2018年
くるみ4歳

子宮ガン早期発見
（摘出手術）

2019年
くるみ5歳

乳ガン早期発見
（摘出手術）

あーちゃんが高校生になる

2020年
くるみ6歳

さっちゃんが大学卒業＆就職

2021年
くるみ7歳

定期検診で軽度の白内障と
軽度の肺炎の診断
（経過観察）

2022年
くるみ8歳

腸閉塞発症
（投薬治療）

さっちゃんが結婚して家を出る

2023年
くるみ9歳

肺炎発症
（投薬治療）

あーちゃんが成人する

長生きしてね〜

2024年
くるみ10歳

脳炎による斜傾発症
（投薬治療）

レオンさんいつもありがと〜

007

ナカタ家うさぎ用語集

うさぎと暮らしている愛兎家(あいとか)たちが使っている、
いや、ナカタ家だけで使っている言葉かもしれません。
うさぎと一緒にいると、勝手に言葉が生まれちゃうんですよネ〜。

うさんぽ

うさぎを外に連れ出し、公園などで散歩することです。ワンちゃんのようにリードとハーネスをつけますが、ストレスになるうさぎもいるので無理はしないようにしましょう。ナカタ家では挑戦したことはありませんし、やってみようと考えたこともありません。くるみはたぶん、というか、ゼッタイに無理です（笑）。

へやんぽ

「うさんぽ」が屋外散歩なら、「へやんぽ」は屋内散歩のことです。つまり家の中、決めたスペースの中で自由に過ごしてもらうことです。ナカタ家では家族が寝るときは、くるみもゲージの中へ。朝起きたらリビングの一画に置いたゲージの扉を開けて、くるみは自由にへやんぽして過ごしています。くるみは気分次第で、好きにゲージとリビングを行き来しています。うさぎがいるだけで、家がまったり空気になります。

ダン

うさぎは怒ったときや面白くないとき、まあとにかく不機嫌なときに後ろ脚を「ダン！」と強く踏み鳴らします。「あ、いまくるみがダンした」「激オコだね」「しばらくそっとしておこうか……」――そんな感じでこの言葉を使います。めったに聞くことはありませんが、それでもナカタ家では1年に1〜2回は聞くでしょうか。「ダンダン！」と2回踏んだときもありました。かまいすぎてしまったときでしたネ。

ドテン

うさぎは寝ようとして横になるとき、「ドテッ！」と、だしぬけに横になります。人間なら「さ〜寝るぞ！」と、ベッドに体を放り投げる感じでしょうか。うさぎがとってもリラックスしているときで、たいへん喜ばしい行動です。くるみが食後などにドテンする瞬間は見ていてかわいらしく、皆がクスッと笑います。

ぐるピョン

　カーペット、ソファ、ビーズクッション、毛布の上をシュタタタタタと走り回ったかと思うと、いきなりピョンとその場で跳びはねたり、体を反転させたりするうさぎのゴキゲン行動です。ぐるぐるピョンピョンするので、「お～出た！　くるみのぐるピョン！」という感じで使います。加齢とともに、あまり見られなくなってきてチトさびしい……。でも、まもなく10歳になるいまもたまに見せてくれます。

ペロペロ

　なでなでしてあげるお礼でしょうか、くるみはなでる手をペロペロと舐め返してきてくれます。「わあ！　ペロペロしてくれたあ♥」「よかったね～」という感じです。うさぎのペロペロ行動にはほかに理由があるのかもしれませんが、ナカタ家ではくるみからの愛情のお返しとして喜んで受け取っています。

グルーミング

　後ろ脚ですっくと立ち上がり、前脚をペロペロと舐めたかと思うと、その前脚で髪の毛をとかすような仕草を見せます。うさぎ好きでなくとも誰もが目を細めて、「かわゆい～♥」と言いたくなる毛づくろい行動です。愛兎家たちの間では、昔あったシャンプーのコマーシャルから、「ティモテ」とも呼ばれているようです。

うさキック

　薬を飲ませようとして抱き上げたり、キャリーケースに入れて運ぼうとするとき、「やめてよ、ヤダ～！」と抵抗して後ろ脚で蹴るようなキック行動を見せることがあります。そんなとき、「あ～くるみがキックしてる～（イヤがってる～）」という感じでしょうか。たいていキックは空振りに終わりますが、ヒットすると、うさぎのほうがケガをすることがあるので気をつけましょう。ちなみに「うさパンチ」もあるらしいですが、ナカタ家では見たことがありません。

ビヨ～ン

　腹ばいになり、後ろ脚もなが～く伸ばしているスーパーリラックス状態のことです。「あ、くるみがビヨ～ンしてる」「うふふ。ほっといてあげましょう♪」という感じです。とってもかわいらしい姿なので、離れた場所から眺めてクスクスしています。

ようこそナカタ家へ

あーちゃんの12歳の誕生日、
ママとあーちゃんでうさぎ専門店に行きました。
初めて動物と暮らすことに、あーちゃんはドキドキ。
本当はずいぶん前から、せがまれていたけれど、
あーちゃん……大丈夫かな？
心配で心配で、お世話も自信がなかったママ。
いろいろと調べてみると、うさぎさんは、うんこもくさくない。
お散歩に行かなくても、へやんぽだけで大丈夫そう。
そして声帯がないので鳴かない（知らなかった！）。
うさぎさんって、一緒に暮らしやすいのかな？　どうかな〜？

お店にはたくさんのゲージがあって、それぞれに一羽ずつ。
いろいろな種類、さまざまな色のうさぎさん。
こちらに寄ってきたり、離れていったり、知らんぷりだったり。
そんな中から、あーちゃんは一羽のうさぎさんにくぎ付け。
「この子がいい！」「ゼッタイにこの子！」
「早くしないと、よそのおうちに行っちゃうよ！」
あーちゃんは、くるみの前から離れません。
ゲージをのぞくと、元気いっぱいにピョンピョン！
お目々もまん丸で、かわいいオレンジ色の女のコ。

はじめまして。あなたの名前は「くるみ」だよ。
ようこそ、ナカタ家へ！

> この子で
> キマリっ！

専門店のおねえさんが、ヒザにのせて見せてくれました。うん、この子だ！

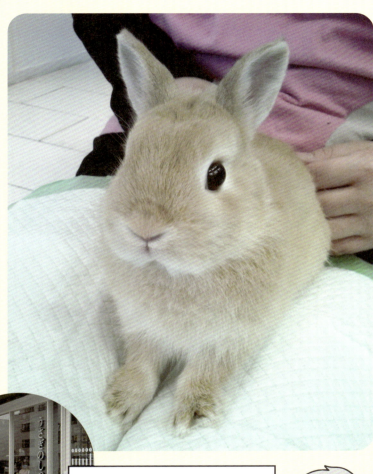

つぶらな瞳、ふわふわの毛。ズキューン！ あーちゃんが射ぬかれました。

グルーミングに爪切り、フードやおもちゃのお買い物も。しっぽさんには、いつもお世話になってます。

013

本当にナカタ家に来たばかりのときの1枚です。真新しいゲージ、設置したばかりの水ボトル。ゲージ内のレイアウトもまだ試行錯誤で、ハウスの設置はこのあと。なにごとも最初はみんな大変ですよね。あーちゃんは、うれしすぎて満面の笑みでした。

ゲージ内に設置したハウス。下のフロアとは別の２階部分として設置しました。以来、ここがくるみが安心できる定位置になりました。夜、みんなが寝るときは、くるみもこの中に自分で帰っていきます。しっかりと巣箱が暗くなるように、寝る前はゲージの上に毛布をかけています。冬はハウスの上に携帯カイロ、夏は保冷剤を置くこともあります。

お迎え準備

うさぎさんを初めてお迎えに必要なものは、
うさぎ専門店などで詳しく教えてもらえます。
それはしっかりと準備しましょう。
大まかなものは次の３つです。
❶60または90センチ四方のゲージ（うさぎさんの大きさによって）
❷餌箱、牧草入れ、水用ボトル、トイレ、トイレシート、トイレ砂
❸ゲージ内に取り付けるハウス（巣箱／かくれ家）
ほかにくるみが喜んだものは、ゲージ内に敷くスノコや藁のマット。
脚の裏にやさしいので、ケガをすることなく今も元気です！
ハウスは、初めての場所で人にまだ慣れてないうさぎさんの
大切なかくれ家です。
人からの声かけやジッと見られることは、
うさぎさんにとってストレスになることも。
初日から３日位はあまり話しかけず、そっと見守って。
慣れてくると、ハウスから出てきて家族の前で
ご飯を食べたり水を飲んだりしてくれます。

慣れてくると、ゲージから出てきて家族の前でくつろいでくれるようになります。

もっと慣れてくると、こんなふうに寄り添ってくれるようになります(パパだけもっとずーっとあと)。

行動スペースづくり

くるみの居場所

　部屋全体やフロアのすべてをうさんぽスペースにしているご家庭もあるようですが、人間と動物の互いの安全面、衛生面、管理面などなど、さまざまなことを考慮してナカタ家ではリビングの一画をくるみの行動スペースにしています。広さにして、だいたい４畳ほどでしょうか。

　右図のビーズクッションやソファは、家族もくるみも使います。くるみはタイルカーペットやビーズクッション、ソファのいずれかの場所でいつもドテンしています。パパやママが茶色いビーズクッションを枕にしてテレビを観たりしていると、隣の赤いビーズクッションの上にくるみがやってきて「なでてよ〜」とオデコを差し出してきたりします。あーちゃんやばばは、その場所がソファだったりします。

　ゴキゲンモードのときはテレビ前まで走ったり、スペース全体を駆け回ってぐるピョン！　それぞれの配置は適度に高低差がありますので、くるみがアスレチック的に運動できるようにもしています。

　逆にぼっちになりたいときはゲージの中に入ったり、ゲージのうしろの狭い段ボール通路やソファのうしろのトンネルに入ったりして孤独な時間を楽しんでいるようです。そうした〝かくれんぼエリア〟も、うさぎには必要なんですね。

　さらに年をとってきたら、今度はスペース全体やゲージの中もバリアフリーにすることも考えていかなければなりません。とにかくスペースづくりのコンセプトは「安全、快適、共に楽しく暮らせる環境づくり」です！

見てくれよりもうさぎのラグジュアリーを優先
くるみの快適スペース追求したらこうなった！

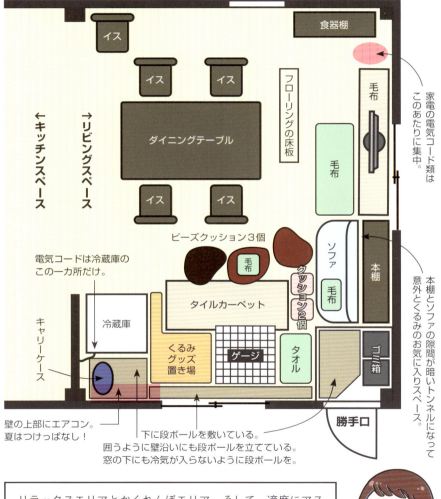

リラックスエリアとかくれんぼエリア。そして、適度にアスレチックなレイアウト。くるみは満足してくれているかな？

ママの
Kurumi
Movie!

元気いっぱい
走ってます！

散らかっててすみません（笑）。まあ、こんな感じでリビングの一画にくるみスペースをつくってナデナデしています。

リビングで一緒に転がるの図。リビングでは家族がそれぞれ勝手に過ごしていますが、くるみもそうしています（笑）。

> パパはこれまでの人生で犬や猫、鳥や魚とも暮らしたことがあります。それぞれに、とってもいい思い出があります。けれども動物との共生、音、匂い、食事、健康管理……あらゆることを総合して考えると、うさぎは現代人にベストな家族なのかもな〜と感じています。

こんな感じで、うさぎは脚の裏まで毛がビッシリ。毛布やマットの上はホールド力が強いですが、板の上は……。

へやんぽ

ゲージの外で遊ぶとき（へやんぽするとき）、
フローリングやつるつるとした床は要注意。
うさぎさんの脚の裏はたくさんの毛が生えていて、
すべって上手く走れません。
マットやカーペット、使わない毛布などを敷いて、
うさぎさんが快適なへやんぽができるように、
また、コード類などかじると危ないものは遠ざけましょう。

おもちゃは、用意したものすべてを
気に入ってくれるとは限らないので、
少しずつ様子を見ながら増やしていくといいですよ。
くるみは藁(わら)でできたトンネルやかまくら、
ピラミッド、段ボール箱などがお気に入りです。
ホリホリとおがくず遊びも大好きでした。

3つのビーズクッションをピョンピョンとわたって、家族が座るダイニングテーブルのイスまで冒険してくることも。そのままチョコンと丸くなると、一緒にテレビを観たりしています（笑）。

フロアに置いてあるビーズクッションは、くるみもお気に入り。くるみはおもらしをしてしまうことがあるので、くるみ用はタオルを敷いています。また、ビーズクッションは家族みんなが使うため、毎回カタチが変化。体がおさまるくぼみを見つけて、そこを居場所にするのが落ち着くようです。

低いソファの上に、夜ゲージにかけるカバー毛布をたたんで置いていますが、その場所はちょうど朝日が当たる場所。そこに朝、チョコンと座って日なたぼっこをするのもお気に入りです。

くるみのごはんですよ

ごはんは一日1回。
夕方6時、牧草でできた主食のフード、
乳酸菌（くるみはこれが大好き！）や納豆菌の入ったサプリメント。
乳酸菌は、おなかの調子を整えてくれる大切なごはんです。
ほかにも、圧ぺん大麦やパパイヤなど。
うさぎさんは、毛繕いでたくさん毛を飲み込んじゃう。
だから腸を整えて、元気にたくさん食べられるように。
生野菜も大好き。キャベツ、こまつな、チンゲン菜。
シャクシャク、ムシャムシャ。
食べてるお口がかわいいよ。

ママの Kurumi Movie!

キャベツ
こまつな
見ーつけた

ナカタ家でくるみが毎日食べているごはん

ナカタ家でくるみが毎日食べているものは、大きく分けて主食（フード）、副食（牧草）、お水、おやつの5つです。フードの『BLOOM〜』は、いまは8歳以上向けのものを食べています。牧草も多くの種類がありますが、いまはこのふたつ。おもちゃの藁もかじります。

主食
フード
メインのごはん

BLOOM LAB SPECIAL

WOOL FORMULA

副食
牧草
食べホーダイ

こだわりアルファルファ

旬牧草

栄養補助食品
サプリメント
栄養をプラス

うさぎの乳酸菌

アクティブ.E

水サプリメント
水ボトルの中に

乳酸菌の贈物

新　うさぎの納豆菌 OYK

> くるみはサプリメントもおやつもよく食べます。2〜5歳のときは『りんごフレーク』や『マンゴー』が大好きでした。年をとってからは『うさぎの乳酸菌』と『圧ペン大麦』をよく食べるわね。もう本当に大好きで。うさちゃんの好好みをわかってあげてくださいね。

ラビットエンハンサー

おやつ
あげすぎ注意

圧ペン大麦

天然パパイヤ　無添加シリーズ

にんじんしりしり　無添加シリーズ

マンゴー　無添加シリーズ

りんごフレーク

おやつ大好き

早朝は、おやつの時間。
ばばが新聞を取ってリビングにやってくるころ、
ばばの気配を感じて、ゲージの中で上を下への大騒ぎ！
ばばの姿が見えると、ゲージの扉をカジカジ。
「ばばー早く出してよー！」
あわてない、あわてないで。ばばがおやつをこぼしちゃうよ！
圧ぺん大麦、マンゴー、パインナップル、リンゴ、にんじん
キャベツにこまつな。今日は何がいいかな？
「ちょうだい、ちょうだい！」
ばばの足の間を8の字にぐるぐる走り回ってる。
おやつがお皿に入ったか入らないうちに一目散！
モグモグ。モグモグ。大好きな朝のおやつ時間です。

大好きな乳酸菌や圧ぺん大麦が入っていないと（自分が食べたくせに）、「もうっ、アレが入ってないじゃない！」と怒って、お皿を頭でひっくり返すときがあります（苦笑）。

ママの Kurumi Movie!

ん〜おはよう
いただきます

このユルんだ表情……。

ついに起き上がらずに寝たままごはんを食べられる体勢を見つけてしまいました。

くるみのうんこちゃん

> 食べたらうんこだ！

コロコロと、たくさん出てくるまん丸うんこ。
草ばかり食べているので全然におわない！
リビングにコロコロ、見つけたら拾ってゴミ箱へポイ！
ときどき、やわらかブドウみたいなうんこも出てくる。
これはくるみが食べちゃう栄養満点のうんこ。
大切な菌がたくさん入っているから……ちょっとくさい。

コロコロうんこが、だんだん小さくなってきたら要注意！
おなかの調子が悪くなっているかも。
早めにお医者さんに行かなくちゃ。
うさぎさんのうんこ、よ〜く見ておきましょう。

いま、うんこ中です。目を見開いて、いきんでいます。一緒に暮らしていると、「ア。いまうんこしてる」ってわかるようになります（笑）。

ま〜うんこはいっぱい出てきます。でも、やがてうんこが愛おしくなるから不思議です。

ビーズクッションの上にもポロポロと。な〜に、こんなのはうさぎさんと暮らしていればご愛敬。でも気づかずにクッションで寝ていると、ホッペにうんこがホクロのようにつくことがあります。いま、あーちゃんのおなかの上に飛びのろうとしているところです。

クッションにもコロコロ

ママのおなかでなごむの図。

ママのおなかにはピョンとのってくる（←パパにはのってこない）。あーちゃんがホッペをスリスリすると喜ぶ（←パパがやるとイヤがる）。ばばがおやつをあげると、グルぴょんして喜ぶ（←パパがやると反応イマイチ）。でも、パパの手はペロペロしてくれる。うさぎの愛情表現って、それぞれなんですナ。

くるみの癒やし力

リビングで横になってくるみをなでていると、とにかく眠くなる！　リラックスして脳波がベータ波からアルファ波にみるみる下がるのでしょう。家族みんな例外なく、くるみをなでながら寝落ちしています。不眠症という人は、うさぎと暮らしたらいいんじゃないか？そう思うほどの効き目です。仕事の合間にくるみをなでて、ちょっと休憩。いつもくるみに、そうして癒やされています。

> とにかく眠くなる！

くるみをなでていると、いつの間にか落ちてる。ほんとに毎度まいど寝落ちしています。

あーちゃんのお姉ちゃん、長女のさっちゃんです。高校時代は部活から帰っては、受験勉強で疲れては、くるみをなでて寝てました。

ばばは、なでる手を置いたまま寝落ち……。

あーちゃんもくるみをなでながら一緒に寝ちゃってます。

043

くるみはリビングで横になっていると、こんな感じでオデコを差し出してきて、「なでてよう」とおねだりしてきます。かわいくて、なでなでしてあげると、たちまち眠くなる……というわけです。

ママの Kurumi Movie!

ネムネム…
まったり〜

オデコを差し出してきたときに、手をグーにして頭の上にのせてあげると、自分でグリグリ頭をこすりつけてきたりもします。

くるみのおもちゃ

くるみは、おもちゃ遊びが大好きです。
掘る、かじる、入る、上る、破る、転がす。
おもちゃは、うさぎにさまざまな行動をうながして、
運動や好奇心を刺激してくれます。
だけど、どんなおもちゃを気に入ってくれるかは、
与えてみるまでわかりません。だから、いっぱい買いました（笑）。
くるみは木をかじったり、段ボール箱を破いたり、
おがくずを掘ったり、藁の穴に入ったりするのが大好きです。
自分でいろいろ遊べるおもちゃが好きなようです。
だから、プラスチック製のおもちゃは
反応がイマイチでしたね。

いっぱい遊んでね

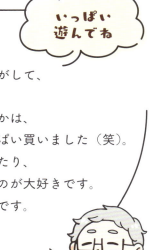

家にあった段ボールでハウスをつくったら、そこでもよく遊んでくれました。

ママの
Kurumi
Movie!

おーい！
くるみ〜♥

段ボール箱は中に入って楽しい、破いて楽しい、
暗くて落ち着く。くるみはホント、大好きです。

049

NAKATA KURUMI'S
THE SHINING

おコンバンハ

段ボール箱、これまでいったい何個壊したことか。ビリビリとよく遊びました。破くときの感触と音がお気に入りのようです。きっと歯が気持ちいいのでしょう。中におがくずを入れてあげるとホリホリして、さらに楽しく遊んでいます。

© Stanley Kubrick's "THE SHINING"

このまだ買ったばかりの新しい段ボールハウスが……。

三日でこうなる！

そしてさらに破壊される！

いいじゃーん

段ボールは破くだけでムシャクシャと食べている様子はありません。でも、口には入ってるだろうな……。もちろん、段ボールは口に入っても危険はありませんが、「破くだけで食べちゃダメよ！」と声かけしつつ、家族でよく見ております。

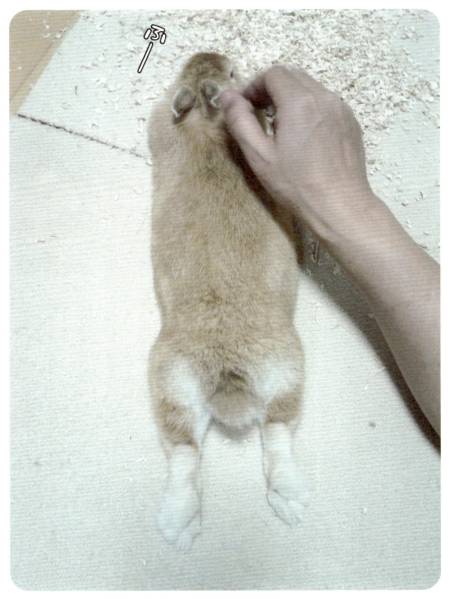

ホリホリと、おがくず遊びも大好きです。遊びすぎて疲れはてた図。

近年のくるみ的ヒット作、ピラミッド。正式商品名は『住処sumi-CAテントハウス』。いつも中に入って瞑想しております。かじってもいます。神秘のピラミッドパワーをもらって元気いっぱいです（笑）!!

だいぶボロボロになってきました。そろそろ買い替えてあげるかな〜。

パパの髪の毛も、たまにくるみのおもちゃになります。ちょうどクッションで寝ているパパの髪の毛を狙っているときの表情です。いままさに、イタズラしそうな顔をしています（笑）。

ママの
Kurumi
Movie!

もしもし？
そこはわたしの
場所よ

くるみ8歳の記念写真。

くるみ９歳の記念写真。

あーちゃんの成人式の日、いつもとちがうあーちゃんの装いに興味シンシン。あーちゃんの近くに寄って、「おめでとう」と言ってくれているようでした。

リラックスた〜いむ

ごはんをたくさん食べ終わったあとは、
リラックスタイム。お気に入りの場所へ行ったら、
まずはクンクン匂いをかいで確認。
そして、前脚でザッザッザッと脚もとをホリホリしたら……
おもむろにドテッと横になったり、後ろ脚をのばしたり！
でも、それがリラックスして安心している証拠なんだって。
初めて見たときは、「ああ、心を開いてくれているのね♪」
とうれしくなりました。
ドテンのとき、勢いが強すぎて一回転しちゃったことも。
そのときは、くるみも自分で驚いてキョロキョロ。
こちらも思わず「アハハ」って笑っちゃいました！

まったり
ドテン

ママの
Kurumi
Movie!

お鼻ひくひく
まったり〜

特選 | あくび
作・ママ

ありがとうございます 傑作が撮れました

これがうさぎの100％リラックスだ！

- 触っても反応ナシ
- 耳もぺったりと寝る
- 完全に目をつむる
- アゴがあがる
- 鼻がぷうぷうと鳴る ※個体差があります
- たまに「びくぅ！」として後ろ脚を蹴る
- 耳半立ち
- 薄目

← こちらは半寝

起きてる。遊んでる。食べてる。ジッとしてる。あるいは寝てる。うさぎの活動はおよそこんな感じですが、くるみはけっこう寝てる時間が長い気が。寝る子は育つ……ということでしょうか？

ちょうどなでる手がくる
位置にチョコンと座る。
かわいいヤツです。

本棚とソファの背もたれのすき間です。絶妙なトンネルのようになっていて、くるみのお気に入りスペースの一つです。家族が「くるみ～」と呼んでもツーンと無視して、ここにかくれてしばらく出てこないこともしばしば。ホント、うさぎってツンデレちゃんです。

ちなみにイヤなことがあって、拗ねるときもこのスペースが居場所です。だいぶ拗ねなくなったので、ここにくるときは遊ぶときがほとんど。「あれ、くるみの姿が見えない」というときはここにいます（笑）。

> **スヤスヤ お昼寝**

スヤスヤお昼寝はおやつのあと。
ゲージにつけてあるハウスの中で。
あるときは三角トイレの前で。
またあるときは、わらっこ座布団の上で。
おなかいっぱいでしあわせ！
みんなお出かけして、静かな日中のリビング。
ときどきハウスの中から頭や脚を出すほど、
なが〜く寝そべっているよ（笑）。安心しているんだね。
ぼっちになりたいときは、
ハウスの中でじっとして丸まってる。

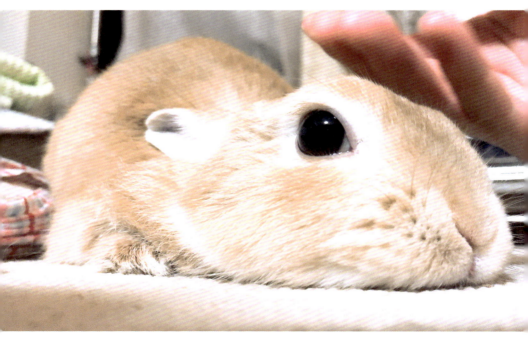

甘えんぼうのうさぎさんです。

ママの
Kurumi
Movie!

にーらめっこ
し〜ましょ

うさぎって、口がかわいいんです。

家族がクッションで寝ていると、うさぎもマネをするようになるものなのでしょうか？じつに器用にクッションを使いこなすようになって家族みんな驚いています。

クッション枕
いい感じ〜♥

毛布が好きっ！

自分でもぐって本当に気持ちよさそうに寝ています。

いったん中にもぐって、頭をヒョイと出してくる。使い方をわかってるなー。

とりわけ冬は、毛布にくるまったくるみの姿は定番のリビングの風景になりました。居心地のいい場所は本当に自分でよく見つけます。ちなみに、夏はタオルです。

ママの
Kurumi
Movie!

毛布で
かくれんぼ♥

毛が生え替わる換毛期

> うさぎさんの
> ケアは

うさぎさんには換毛期(かんもうき)があります。
春は夏毛に、秋には冬毛へと生え変わるのです。
その時期には、い〜っぱい毛が抜けるため、
グルーミングに忙しいうさぎさんはお疲れモードに。
ブラッシングをして、うさぎさんのお手伝いをしてあげましょう。
うさぎ専門店にグルーミングケアをお願いすれば、
毛繕い(けづくろい)で食べてしまう毛も少なくなって、胃腸の働きの助けにも。
専門店のグルーミングケアは驚くほど毛が抜けてスベスベに！

爪切りは、しっかりやり方を習ってからにしましょう。
うさぎさんは基本的に抱っこが苦手。
うまく抱けないと、あばれて爪を切りすぎちゃうことも。
だから、グルーミングケアと爪切りは無理せずに、
お近くのうさぎ専門店にお願いするといいですよ。

> うさぎを抱くのは至難のワザです。専門店でケアをお願いすると、お姉さんが上手に抱っこして、くるみもおとなしくしているので、いつも「いいな〜すごいな〜♥」とうらやましく思って見ています。いまだに抱っこできません。抱いてケアできる人はホント、すごいです。
> 　ちなみに余談ですが、一度横浜の元町でうさぎ一羽を肩にのせ、コートの大きなポケットから顔を出したもう一羽。さらにもう一羽を片手で抱いて歩いている男の人を見たことがあります。「え、慣れるとそんなことできるの!?」って、アレには驚きました……。

くるみのセルフグルーミング。うさぎさんは、例外なくこの行動を見せます。口に入った毛がおなかでうまく処理されず、溜まりすぎると鬱滞を起こしたり、さらにひどいと腸閉塞を起こしたりします。腸閉塞は天国行きに直結するこわい病気なので、グルーミングケアはとっても大切です。
うさぎの換毛期は、食事量の変化やうんこの異常もよおく見ておきましょう。

せっせ せっせ

こんもり

グルーミングケアグッズです。

ばばがケアをがんばって、こ〜んなにくるみの毛が抜けました。でも、専門店のプロのケアは、さらに驚くほど毛が抜けます。家庭でもお店でも。換毛期は、わが子のお手伝いをしてあげましょう。

085

換毛期でモフモフになったくるみ。リビングにもたくさん毛が落ちます。

「そろそろグルーミングケアに行かないとな〜」という感じになります。

病気は早期発見！

> 病院とお薬

あれあれ？　ちょっとご飯が残ってる？
うんこもいつもより少ないし、小さいかも……。
そう感じたら、お腹で鬱滞が起きているかもしれません。
鬱滞は、うさぎさんによくある病気の一つ。
換毛期でうさぎさんはせっせとセルフグルーミングをするため、
お腹に自分の毛が入り、胃腸の動きが鈍くなってしまうのです。
そうなったら病院に行って、お薬を処方してもらいましょう。

水溶性の薬を飲ませるとき、上手な人は上から保定して、
口の脇からシリンジ（注射筒）を差し込んで飲ませるようです。
……でも、ナカタ家はそれが誰もできません（泣）。
なので、お薬をあげるときはふたりがかり！
ひとりが抱っこ係（保定）、もうひとりが投薬係。

最初は本当に大変でした。
シリンジを差し込むのも前歯と奥歯の間なので、
そこを見つけるのに手間取ると、サッと逃げられたり。
イヤがられて、シリンジを差せないまま薬をこぼしたり……。
すったもんだしながら、ようやく飲んでもらいました。

1日2回、数日ほど経つと、また再びご飯もりもりです。
うんこも大きいサイズが出て、ようやくひと安心。
ナカタ家では、投薬はまだまだ練習中です！

おなかの調子が悪いときの整腸剤です。

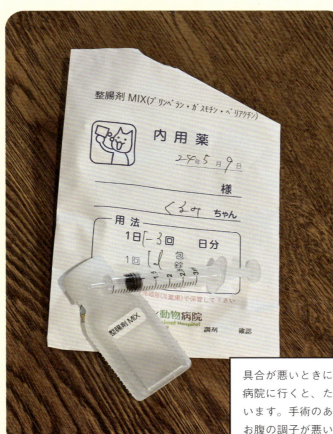

具合が悪いときにかかりつけの動物病院に行くと、たいていお薬をもらいます。手術のあとなら抗生物質、お腹の調子が悪いときは整腸剤などなど。そんなときはパパがくるみを抱えて、ママが口の中に薬液を注入します。「さあさあ！」「はいっ」ってふたりがかりで、もう必死。もうちょっと薬をあげるの、うまくなりたいナ〜。

うさぎに限りませんが、動物に病気はつきもの。そんなとき動物病院でお世話になれば、診察1回数千円。点滴や注射でプラス数千円。手術が入れば10万円〜なんて当たり前。人間より医療費がかかるほどです。「最初から動物保険に入っておけばよかったかな」と思うこともありましたので、これから動物との共生を考えている方は、保険の加入もご一考ください。

091

↑お薬イヤイヤ。かくれているつもりです。

ママの Kurumi Movie!

頭かくして尻かくさず

食が細くなっていたら、動物病院でおなかと一緒に「歯」も診てもらいましょう。もしかしたら歯がのびて口腔内(こうくうない)に当たって食べにくいか、痛いのかもしれません。これ、けっこう多かったです。ナカタ家では定期検診で歯も診てもらっています。

うさぎに「ちょっと様子を見てみよう」はナイ！

明らかに異常があるとき、くるみはゲージにこもって、鼻をずっとヒクヒク、ガタガタブルブルとふるえています。うさぎは鳴けないので、じっと耐えるしかないのです。気づいてあげられるのは家族だけ。うさぎに「ちょっと様子を見てみよう」はありません。異常を感じたら、すぐに病院に連れていってあげましょう。

これはおかしい……病院だ!!

乳ガンの手術をして、やっとおなかの毛がまた生えてきたころの写真です。乳首の下にあった2ミリほどのガン細胞を見つけていただきました。子宮ガンや乳ガンなど、うさぎはかなりの確率でガンを発症しますので、とにかく早期発見が大切です。ガンになったときの進行も、人間の数倍早いと思っておきましょう。

かかりつけの獣医さんには、10年で4回くるみの命を救ってもらいました。この獣医さん、触診(しょくしん)だけでわずかなシコリやおなかの異常を発見するゴッドハンド。診察時のうさぎの保定(ほてい)(ホールド)も見事なもので、ナカタ家では120％！　この獣医さんを信用し、お願いしています。信頼できる獣医さんを見つけておくのは大切です。

9歳のとき、斜傾（体が傾く症状）を起こしたくるみに命の危機が訪れました。しかし、あいにくかかりつけ医が休診日で、別の動物病院を3軒もハシゴしたことがあります。そこで決まって言われたのが「もう9歳ですからね……」。もう高齢うさぎだから、死期がやってきても仕方がないというのです。食べていなかったので栄養剤の点滴だけしてもらって帰り、なんとか翌日にゴッドハンドのかかりつけ医に診てもらい、薬をもらって回復。診断結果は脳炎でした。適切な診断と適切な投薬。命を助けていただいて、ありがたかったです。これは、獣医さんの良し悪しを見分けるよい体験になりましたナ……。

斜傾を起こしたときはその場で回転したり、歩いても転んだり、あげくゲージの中で横になったまま、まったく起き上がれなくなり……。一緒に暮らしていて、いちばんビビりました。

> お出かけ
> のときは

月に1〜2回は、病院の定期検診や
ケアのためにキャリーケースに入れてお出かけ。
くるみは〝キャリーケース＝お出かけ〟と覚えているので、
その気配を感じると、急いでゲージ内のハウスへ猛ダッシュ。
かまくらの中に入ったり、ソファのうしろにかくれたり。
まだ小さいころは素早くて、あちこち走り回って逃げていたので、
キャリーケースに入れるまで20分以上かかったこともありました。
「スミマセン……。うまくケースに入れられないんです……」と
一度だけグルーミング予約をキャンセルしたことがあるほどです。

いまは経験を重ねて、くるみもおとなしくキャリーケースの中へ。
「ごめんね。元気でいられるように診てもらおうね」
病院に行くときは、そう声かけしています。
でも、ケースでは不安そうに、お鼻がずっとヒクヒク。
緊張でふるえて、心臓のドキドキも体から伝わってきます。
「もうすぐ病院だからね。
もう少しだけがんばろうね」
ときどきケースを開けて、
おでこをなでなでしながら
パパの運転でくるみと一緒に
お出かけしています。

ケースの撮影だけで、くるみは入っていません。この中には、なるべく入れたくないですよね……。

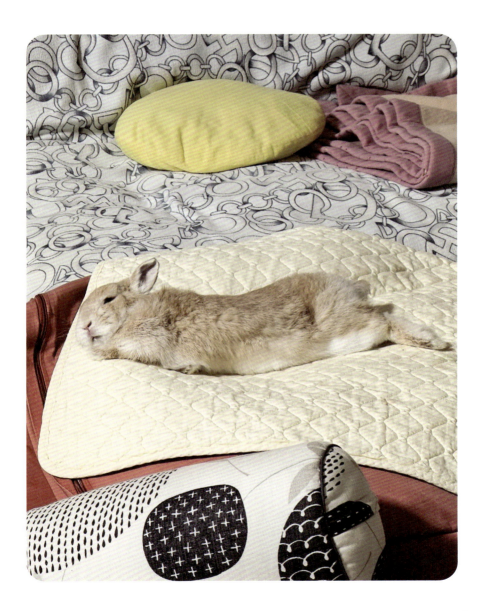

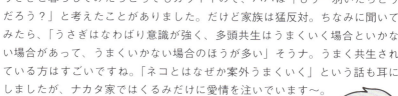

うさぎと暮らしてみたらとってもカワイイので、パパは「もう一羽いたらどうだろう？」と考えたことがありました。だけど家族は猛反対。ちなみに聞いてみたら、「うさぎはなわばり意識が強く、多頭共生はうまくいく場合といかない場合があって、うまくいかない場合のほうが多い」そうナ。うまく共生されている方はすごいですね。「ネコとはなぜか案外うまくいく」という話も耳にしましたが、ナカタ家ではくるみだけに愛情を注いでいます〜。

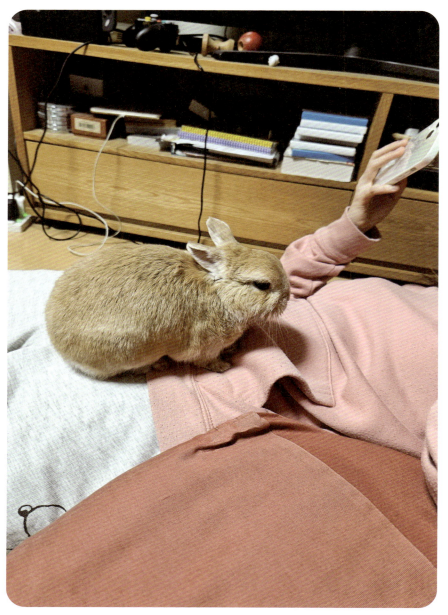

地震が来たら察知して、家族に知らせてくれる能力はないだろうか。手を合わせて拝んだら、宝くじを当ててくれる能力はないだろうか？ そんなうさぎの特殊能力を期待してみましたが、そんな能力はありませんでした〜（笑）。

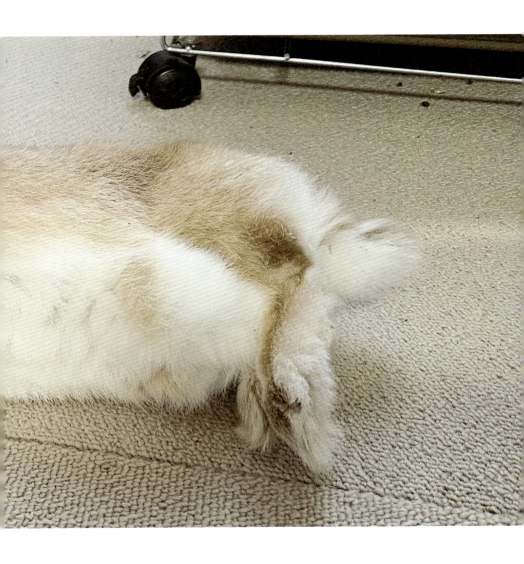

日なたぼっこ。うさぎのいる風景って平和ですね。

くるみが家族になった

❷024年11月で、くるみは10歳になります。一緒に暮らしはじめて、もうそんなに時間が経ったのです。これはパパの個人的な感想ですが、くるみが本当にナカタ家の家族に心を開いてくれるまで、8年ぐらいはかかったように思います。家族みんなでずっと愛情を注いできましたが、それでも「ああ、ようやく、くるみもナカタ家の一員になったなあ」と心から感じられるようになるまでは8年かかりました。

リビングで暮らしているため冷蔵庫の開閉音、お皿を洗う音、ゴミをガチャガチャと捨てる音、テレビの音……はじめはいちいち驚いていましたが、そうした生活音にもすっかり慣れました。

病院やケアに出かけるときも、落ち着いて出かけられるようになりました。薬は相変わらずイヤがりますが、その後にかくれて拗ねるような行動は見せなくなりました。たとえイヤなことをされても、家族としての信頼関係ができたのだと思います。

近くにいればうれしそうに近寄ってきて、家族みんなにそれぞれの愛情表現を見せてくれます。ひとりでいる時も、クッションを枕にして寝てみたり、毛布にもぐってみたり、脚をのばして耳を寝かせ、心ゆくまでくつろいでいます。寝ているときは完全に目をつぶり、アゴをのけぞらせて熟睡しています。

ふたりの娘は「おいで」と呼んでも、もう近寄ってくることはありませんが、くるみだけは喜んで走り寄ってきてくれます。

そんなくるみも、人間年齢でいえば、もうおばあちゃん。あと何年一緒に仲良く暮らせるでしょうか。なるべく長く一緒にいられますように。心からそう願っています。

2024年9月吉日　ナカタ家パパ

■発行日
2024年9月20日 初版第1刷発行

■発行人
小出裕貴

■著 者
ナカタ家

■発行・発売
株式会社大洋図書
〒101-0065 東京都千代田区西神田3-3-9 大洋ビル
☎03-3263-2424（代表）

■編 集
株式会社V1 PUBLISHING
〒101-0065 東京都千代田区西神田3-3-9 大洋ビル6F
✉本書へのご意見・お問い合わせ：kurumi@v1pub.com

■印刷・製本所
株式会社シナノ

ⒸNakata Family 2024 Printed in Japan.
ISBN978-4-8130-7624-7 C2076

※定価はカバーに表示してあります。
※落丁・乱丁は、送料弊社負担にてお取り替えいたします。
※本書の内容の一部または全部を無断で掲載、転載することを禁じます。

Design: Nakata Kaoru / V1 PUBLISHING

表　紙：OKボルピザン／四六判T目22.5kg
カバー：Sユトリロコート／菊判T目93.5kg
オ　ビ：OKブリザード／ハトロン判T目86.5kg
見返し：色上質（アイボリー）／A判T目84.5kg
本　文：b7トラネクスト／A判T目63.0kg